O CÓDIGO DA VIDA

Verdade sobre verdade

Título: O Código da Vida 2

Subtítulo: Verdade Sobre Verdade

Autor: João Batista de Oliveira

Dados Internacionais de Catalogação na Publicação (CIP)
(Câmara Brasileira do Livro, SP, Brasil)

Oliveira, João Batista de
O código da vida 2 : verdade sobre verdade / João Batista de Oliveira. -- Lastro, PB : Ed. do Autor, 2023.

ISBN 978-65-00-81464-4

1. Autoconhecimento 2. Espiritualidade 3. Existência humana 4. Fé 5. Filosofia de vida 6. Reflexões I. Título.

23-173928 CDD-113.8

Índices para catálogo sistemático:

1. Filosofia de vida 113.8

Aline Graziele Benitez - Bibliotecária - CRB-1/3129

Dedicatória

Ao incomparável Jesus Cristo,

Por ser a luz que ilumina meu caminho, a inspiração que move minha pena e o amor que preenche cada página deste livro. A Ti, que transcende tempo e espaço, dedicado esta obra, na esperança de que ela possa refletir, mesmo que apenas um fragmento, da grandiosidade de Tua graça e amor.

Que estas palavras sejam um testemunho de minha eterna gratidão e admiração pelo Teu sacrifício e pela Tua eterna presença em minha vida.

DEDICADO A

_______________________DATA____/___/____

Sumario

1. O Labirinto da Mente..1

2. O Jogo das Palavras Ocultas..7

3. Desmitificando as Palavras Ocultas do Pensar.............12

4. Desvendando o Trama dos Pensamentos Ocultos........18

5. Pensamentos em Transmissão: A Batalha Invisível.......24

6. A Alma Interroga o Pensar..30

7. O Engano das Palavras Ocultas....................................36

8. Pensar e todas as palavras relacionadas são inválidas...38

9. Mundo de Deus..43

10. A Verdade..48

11. Alma e Espíritos: Uma Realidade Desvelada..............50

12. Cura e Imortalidade..55

13.Arrependimento...59

14. O Calabouço e a Essência do Amor............................64

15. Deus e todas as palavras relacionadas são válidas.......67

16. Modo Geral..71

1

Navegar pela vastidão do universo mental é como entrar em um labirinto complexo e, muitas vezes, enganoso. Neste espaço, a linha entre o real e o ilusório torna-se tênue. Em um mundo onde o pensar predomina, é vital discernir entre a verdade e a ilusão.

De início, o mundo do pensamento aparece como uma ferramenta, um aliado que molda nossas percepções e orienta nossas ações. O pensamento tem a capacidade de nos transportar para lugares distantes, criar cenários imaginários e até mesmo simular conversas inteiras. Ele pode nos elevar a patamares de extrema felicidade ou nos afundar em abismos de desespero.

No entanto, é justamente nesta maleabilidade que reside o perigo. Porque, embora a mente possa ser uma fonte inesgotável de criatividade e introspecção, ela também pode nos levar a lições precipitadas, ilusões reconfortantes e verdades distorcidas. E é neste ponto que surgem as questões: Quem não está no controle? O pensador ou o pensamento?

A afirmação de que o "pensamento fala de tudo, mas não explica nada" ressalta essa inconstância inerente ao mundo mental. O pensamento, por si só, sem uma base firme de lógica e racionalidade, pode tornar-se volúvel e enganoso. A mente humana, rica em sua diversidade, também é propensa a se apegar a narrativas que confortem, mesmo que não reflitam a realidade objetiva.

Ao mesmo tempo, é válido questionar se é o pensador que oculta o pensamento, impondo suas próprias convicções e preconceitos, ou se é o pensamento que, em sua fluidez, mascara o verdadeiro eu do pensador. Nesta dinâmica, os dois, pensador e pensamento, participam de um jogo de esconderijo contínuo, onde a verdade pode se tornar a maior vítima.

No entanto, se olharmos com atenção e discernimento, é possível encontrar uma saída neste labirinto. A lógica, a reflexão crítica e a busca pelo autoconhecimento são as chaves para desvendar os mistérios da mente. Quando conseguimos alinhar o pensar com a verdade objetiva e a introspecção honesta, podemos então transcender a dualidade entre pensador e pensamento e alcançar um entendimento mais profundo de nós mesmos e do mundo ao nosso redor.

Essa jornada pela mente humana é, por si só, uma expedição fascinante. O desafio é não se perder nas sinuosidades de nossas próprias criações mentais e aprender a navegar pelas águas às vezes turvas da introspecção. Cada pensamento que surge, cada emoção que sentimos, é como uma onda no oceano da consciência, às vezes calma, às vezes tempestuosa.

3

Aprender a surfar essas ondas é crucial para não sermos arrastados por elas.

O mundo do pensamento é, sem dúvida, vasto e misterioso, mas também é moldável. A capacidade de moldar e direcionar nossos pensamentos é o que nos permite evoluir, aprender e crescer como seres humanos. Em vez de sermos escravizados por nossas mentes, podemos aprender a ser seus mestres.

Ao observarmos o efeito que os pensamentos têm sobre nossas vidas, percebemos a importância de cultivar um mental claro. A meditação, a reflexão e a prática da atenção plena são ferramentas poderosas nesse sentido. Eles nos permitem desacelerar, observar nossos pensamentos sem julgamento e, finalmente, escolher o que queremos abraçar e o que queremos liberar.

Mas, além de técnicas e práticas, o autoconhecimento é fundamental. Conhecer-se realmente implica em refletir sobre os padrões de pensamento, as opiniões limitantes e as histórias que contamos a nós mesmos. Ao fazer isso, podemos começar a reescrever essas histórias, a questionar nossas crenças e, assim, abrir espaço para novas perspectivas e entendimentos.

O mundo do pensar, com toda a sua complexidade e nuances, é, no final das contas, um reflexo da experiência humana. Em sua essência, busque a verdade, a compreensão e a conexão. Ao abraçar essa busca com coragem, abertura e curiosidade, cada um de nós pode encontrar seu próprio caminho do labirinto da mente e emergir com uma visão mais clara e equilibrada através do que significa ser humano.

Em meio às complexidades da consciência, muitos se perdem no emaranhado de pensamentos e emoções. No entanto, essa rede intrincada de ideias e sentimentos é o que nos torna únicos, criativos e resilientes. Mas, assim como um viajante precisa de um mapa para explorar territórios desconhecidos, o indivíduo precisa de ferramentas para se aventurar pelo labirinto da própria mente.

Se analisarmos a mente como um labirinto, percebemos que há muitas entradas e saídas, muitos caminhos que se entrelaçam e muitos becos sem saída. Em algumas graças, somos confrontados com desafios e encruzilhadas, e é nessas horas que a capacidade de discernimento se torna vital. Sem ela, pode-se ficar preso em ciclos repetitivos de pensamento ou ser levado por emoções avassaladoras.

Para aprofundar nossa compreensão e habilidades de navegação mental, muitos buscam práticas ancestrais, como meditação, yoga e outras formas de introspecção. Essas técnicas atemporais oferecem um refúgio, um espaço sagrado dentro de nós, onde podemos buscar clareza, equilíbrio e, eventualmente, iluminação.

Por outro lado, o apoio da comunidade, seja ela formada por amigos, família ou grupos de apoio, é inestimável. Essas redes de suporte oferecem uma oportunidade de compartilhar experiências, obter feedback e construir pontes de conhecimento mútuo.

E enquanto navegamos pelas correntes internas de nossa psique, é essencial lembrar que não somos definidos apenas por nossos pensamentos. Somos, também, seres de ação, amor e compaixão. A mente pode ser uma fonte infinita de indagações, mas também é o berço de nossa criatividade e determinação.

Assim, ao continuarmos nossa jornada pelo labirinto interno, é vital mantermos o foco na luz que brilha dentro de cada um de nós. Por mais tortuoso que os caminhos possam parecer, a saída - e a entrada para uma compreensão mais profunda - está sempre ao alcance, aguardando apenas por nossa disposição em descobri-la.

7

O Jogo das Palavras Ocultas

Em meio às marés constantes da existência, uma linguagem sempre serviu como nossa bússola, um guia para interpretar a realidade. Entretanto, por mais sofisticada que a linguagem possa ser, ela carrega consigo uma rede intricada de palavras ocultas que, muitas vezes, obscurecem mais do que revelam.

Tomemos, por exemplo, a narrativa familiar mencionada. O amor de um pai e de uma mãe gerou uma vida. Mas inserido neste processo simples conceitos estão como "pensar" e "pensamento". No entendimento geral, muitas vezes consideramos que são esses pensamentos mentais que impulsionam as ações, mas e se esses mesmos termos, ao específico de específicoem, obscurecem nossa compreensão sobre o amor genuíno e a criação da vida?

A questão é: Será que o "pensar" é uma entidade independente que antecede e governa a nossa existência? Ou será ele uma construção, uma palavra oculta que usamos para representar uma miríade de impulsos, sentimentos e instintos que, de outra forma, seriam indescritíveis?

Quando introduzimos termos como "consciente" e "subconsciente", acrescentamos ainda mais camadas a esta teia já complexa. Estas palavras, embora procuremos categorizar e compreender o vasto domínio da mente humana, podem na verdade limitar nossa compreensão. O perigo é que, ao nos apegarmos rigidamente a esses conceitos, corremos o risco de nos tornarmos prisioneiros deles, permitindo que ditem nossa realidade em vez de nos servirem como ferramentas de compreensão.

A verdadeira tragédia aqui é o potencial educacional perdido. Ao aceitarmos cegamente essas palavras ocultas, privamo-nos da capacidade de questionar, de explorar e, finalmente, de aprender. Em vez de sermos alunos ativos na escola da vida, nos tornamos espectadores passivos, deixando que esses conceitos pré-concebidos ditem nossas percepções e experiências.

Por isso, é fundamental que desafiemos essas palavras ocultas. Devemos reconhecê-las pelo que são: ferramentas, e não verdades absolutas. Ao fazer isso, liberamos nosso potencial de aprendizado e abrimos a porta para uma compreensão mais profunda e autêntica de nós mesmos e do mundo que nos rodeia.

Ao trazer à luz essas palavras ocultas e questionar seus significados e implicações, também despertamos para a diversidade e riqueza das experiências humanas. Cada indivíduo possui uma relação única com conceitos como "pensar", "pensamento", "consciente" e "subconsciente". Compreender isso é importante que a mente humana é um território vasto e inexplorado, e que cada pessoa é uma combinação única de experiências, opiniões e perspectivas.

Além disso, é crucial ensinar às gerações futuras o poder e a responsabilidade que vem com o domínio da linguagem. Deve-se incentivar o questionamento e a curiosidade. Permitir que as crianças e jovens se questionem sobre o que significa "pensar", por exemplo, pode abrir caminhos para um maior entendimento sobre si mesmos e sobre o mundo.

Isso também pode ter um impacto positivo na maneira como nos relacionamos com os outros. Ao desafiar as palavras ocultas e as crenças que elas carregam, podemos desenvolver uma maior empatia e compreensão. Por exemplo, ao supor que todos “pensam” da mesma maneira, podemos apreciar a diversidade de pensamentos e experiências que cada pessoa traz à mesa.

10

Na análise, a busca pelo conhecimento e compreensão é uma jornada contínua. As palavras e conceitos que usamos para descrever nossa existência são apenas ferramentas nesta jornada. Ao nos liberarmos das restrições que essas palavras ocultas podem importar, damos um passo adiante em direção a um futuro mais iluminado e abrangente.

Desvendar o oculto na linguagem é mais do que um mero exercício de discernimento; é uma jornada para redefinir a essência do que significa ser humano. As palavras têm poder, elas moldam nossa realidade e, consequentemente, nossa percepção de mundo. Ao permitirmos que certas palavras e conceitos permaneçam ocultos ou sem questionamento, inadvertidamente colocamos barreiras em nossa capacidade de compreensão e crescimento.

Em nossa sociedade, frequentemente vemos presos em padrões de pensamento e comportamento que são ditados por conceitos amplamente aceitos, mas raramente questionados. Quando somos ensinados desde a infância a aceitar certas palavras como verdadeiras representações de realidades complexas – como "pensar", "consciente" e "subconsciente" –, não podemos compreender as limitações que tais palavras impõem ao nosso entendimento.

No entanto, se quisermos questionar e explorar esses conceitos, podemos descobrir camadas adicionais de significado e uma compreensão mais profunda de nós mesmos e do mundo ao nosso redor. Poderíamos perceber que, ao nos apegarmos rigidamente a certos conceitos, talvez nos beneficiemos de oportunidades de aprendizado e crescimento.

Isso não significa que devemos descartar totalmente esses conceitos, mas sim que devemos abordá-los com uma mente aberta e curiosa. Ao fazê-lo, talvez descubramos que existem outras maneiras de se relacionar com o mundo e com nós mesmos, maneiras que podem ser mais alinhadas com nossas verdadeiras essências e aspirações.

Em resumo, desafiar as palavras ocultas e os conceitos que elas representam podem ser uma chave para desbloquear um potencial humano ainda não realizado. Ao fazê-lo, não apenas ampliamos nosso entendimento do mundo, mas também abrimos a porta para um futuro de maior conexão, compreensão e realização.

12

Desmitificando as Palavras Ocultas do Pensar

Vivemos numa teia complexa de entendimentos, guiados por palavras que, muitas vezes, nos direcionam mais para a confusão do que para a clareza. A mente humana, em sua vastidão, abriga conceitos como "pensar", "pensamento", "consciente" e "subconsciente", que, embora familiares, muitas vezes não são devidamente compreendidos em sua essência. A realidade é que esses termos, embora cruciais para nosso entendimento de nós mesmos e do mundo ao nosso redor, podem ser armadilhas que limitam nosso potencial de aprendizado e descoberta.

Começando pelo "pensar", muitos entendem como uma atividade mental que engloba reflexão, análise, análise, imaginação e meditação. No entanto, o ato de pensar, em si, é muito mais do que apenas um conjunto de processos mentais. Pode-se argumentar que as inúmeras definições que cercam o ato de pensar obscurecem mais do que esclarecem. Por exemplo, "fantasiar" e "planejar" são frequentemente vistos como atividades de pensar, mas são realmente opostos em sua natureza. Enquanto um lida com a realidade potencial, o outro reside no reino da imaginação.

O "consciente" e o "subconsciente" são outros dois conceitos que, apesar de profundamente enraizados em nossa compreensão psicológica, são frequentemente mal interpretados. O consciente, frequentemente visto como a parte ativa e decisória de nossa mente, na verdade pode ser influenciado por uma série de fatores ocultos. E o subconsciente, muitas vezes relegado ao papel de depósito passivo de memórias e impulsos, tem um papel muito mais ativo em nossa tomada de decisões do que costumamos considerar.

Essas mal-entendidas "palavras ocultas" podem desviar nossa trajetória de autoconhecimento. Ao aceitarmos passivamente essas definições e conceitos sem um questionamento profundo, nos tornamos prisioneiros de uma visão limitada do potencial humano. Ao aceitar uma definição superficial de "pensar", por exemplo, não podemos perceber a capacidade incrível de nossa mente de questionar, inovar e criar.

Para realmente crescermos e evoluirmos como indivíduos e como sociedade, é vital que questionemos e desafiemos as definições aceitas dessas palavras ocultas. Só assim poderemos liberar nossa capacidade plena de aprender, compreender e, finalmente, prosperar. Ao adotarmos uma abordagem mais crítica e aberta em relação ao nosso próprio pensamento, podemos começar a desvendar as verdadeiras capacidades da mente humana e superar as limitações impostas por definições e conceitos mal compreendidos.

O verdadeiro desafio reside não apenas em entender os conceitos de "pensar", "consciente" e "subconsciente", mas também em reconhecer como esses conceitos influenciam nosso comportamento diário, decisões e, em última instância, nosso destino. Assumimos que sabemos que é o "pensamento" sem mergulhar mais fundo em seu significado é como aceitar a superfície de um oceano sem explorar suas profundezas.

Por exemplo, muitos de nós operamos sob a noção de que nossas ações são guiadas por decisões conscientes. No entanto, quanto esse "consciente" é realmente influenciado pelo nosso "subconsciente"? Quantas vezes nos pegamos fazendo algo sem saber por que realmente o fizemos, ou descobrimos que nossas ações foram impulsionadas por memórias e experiências passadas das quais nem sequer nos lembramos?

Esse poder do subconsciente em influenciar nossa tomada de decisões pode ser visto como uma forma de "palavra oculta" em ação. A menos que estejamos cientes dessa influência, corremos o risco de sermos guiados por impulsos e padrões de pensamento que não entendemos completamente.

Da mesma forma, o ato de "pensar" pode ser uma faca de duas gomas. Embora nos permita refletir, analisar e planejar, também podemos nos fixar em padrões de pensamento que limitam nosso potencial. Ruminar sobre o passado ou preocupar-se com o futuro são formas de "pensar" que nos impedem de viver plenamente o presente.

Assim, uma jornada para desvendar o poder e o potencial da mente humana exige uma exploração contínua e um questionamento das definições e conceitos aceitos. Deve-se cultivar a habilidade de se desligar das noções preconcebidas e abraçar uma abordagem mais flexível e adaptativa. Ao fazê-lo, não apenas descobrimos mais sobre o funcionamento interno de nossa mente, mas também liberamos um potencial anteriormente inexplorado.

Na análise, não são apenas as palavras que ocultam, mas nossas acessíveis e passivas. Ao questionar, analisar e redefinir, podemos moldar uma compreensão da mente que não apenas reflete sua complexidade, mas também seu imenso potencial.

Adentrar na mecânica da mente é perceber que muitas vezes estamos prisioneiros em um labirinto de nossos próprios pensamentos. A luta contínua entre o consciente e o subconsciente é como um jogo de xadrez, onde cada movimento tem suas consequências, mas nem sempre temos clareza sobre o próximo passo.

Nosso entendimento sobre o que é o "pensar" pode, muitas vezes, ser nosso próprio adversário. Se, por um lado, pensar é que nos diferenciamos de outras espécies e nos permite inovações e progressos, por outro, podemos nos aprisionar em ciclos de autossabotagem. A obsessão por padrões de pensamento e crenças limitantes pode nos impedir de enxergar novas possibilidades e oportunidades.

É imperativo que reconheçamos que o "pensamento" não é apenas uma atividade passiva que ocorre em nosso cérebro, mas uma força ativa que molda nossa realidade. Quando permitimos que o subconsciente dite nossa vida, com base em opiniões e experiências passadas, estamos basicamente entregando as idéias de nosso destino a um piloto automático. Isso pode nos levar por caminhos que não escolhemos conscientemente, e muitas vezes, por rotas que não desejamos seguir.

Mas, como romper essas correntes do pensamento oculto? A chave está em cultivar a autoconsciência. Precisamos treinar nossas mentes para reconhecer os padrões e identificar as "palavras ocultas" que nos governam. Isso significa questionar tudo, desde as crenças mais arraigadas até os hábitos diários mais triviais.

Ao adotar uma postura de curiosidade e abertura, somos capazes de desafiar a narrativa que o pensamento impõe sobre nós. Isso nos liberta para reescrever nossa história, modificando as limitações por um entendimento mais profundo e abrangente de nós mesmos e do mundo ao nosso redor.

Por fim, a verdadeira liberdade mental não vem apenas de entender a mente, mas de transcender seus limites. Ao abraçar essa jornada de autodescoberta, podemos emergir não apenas como pensadores mais lúcidos, mas como seres humanos mais completos, conscientes e capacitados.

18

Desvendando o Trama dos Pensamentos Ocultos

O ato de pensar, um instrumento tão poderoso que detemos, muitas vezes torna-se uma dupla lâmina, capaz tanto de edificar quanto de destruir. As palavras e conceitos que encerramos em nossa mente, como "pensar", "pensamento", "consciente" e "subconsciente", apesar de não estarem no epicentro de nossa experiência humana, nem sempre são plenamente compreendidos.

Nas profundezas de nossa mente, o pensar tem uma característica quase enigmática. Se, por um lado, ele serve como uma ferramenta vital para nossa sobrevivência e progresso, por outro, pode atuar como um manto oculto que encobre a verdadeira essência do ser. As palavras “consciente” e “subconsciente”, por exemplo, são comumente aceitas como verdades absolutas em nosso cotidiano. No entanto, essas terminologias, na sua obscuridade, muitas vezes obstruem a nossa capacidade de discernir a realidade.

Enquanto o consciente é frequentemente visto como a parte da mente que opera no aqui e agora, o subconsciente é uma camada submersa, repleta de memórias, impulsos e padrões aprendidos. Mas a definição clara entre ambos é turva. E aqui reside o dilema: quando aceitamos cegamente essas definições sem questioná-las, restringimos nosso entendimento sobre o intrincado funcionamento da mente.

Essa acessibilidade passiva do pensamento, sem a devida análise crítica, nos torna vulneráveis a uma miríade de enganos e mal-entendidos. Aceitar pensamentos e opiniões sem questionamento nos impede de explorar outras perspectivas e de ampliar nosso entendimento.

Deve-se, portanto, exercitar o ato de questionar, desafiar e investigar esses termos que tomamos como garantidos. Apenas ao fazer isso poderemos começar a desvendar os mistérios que se escondem atrás dessas palavras ocultas e, assim, capacitar nossa mente para um entendimento mais profundo e holístico do mundo em que vivemos.

Quando nos permitimos aprofundar nos conceitos e nas palavras que moldam nossa realidade, começamos a discernir as camadas de significado e intenção que estão entrelaçadas em nosso próprio pensamento. Se a mente é de fato uma fortaleza, já que palavras como "pensar", "pensamento", "consciente" e "subconsciente" são suas sentinelas. No entanto, por vezes,essas sentinelas podem tornar os obstáculos que nos aprisionam, limitando a nossa visão e o nosso crescimento.

A questão central é: Quem controla o pensar? Somos nós, seres conscientes e dotados de livre arbítrio, que dirigimos nossos pensamentos? Ou, ao contrário, somos simplesmente marionetes de um subconsciente cheio de memórias, traumas e condicionamentos pré-estabelecidos? Quando deixamos essas palavras ocultas dominando sem questionamentos, estamos abrindo a mão do poder de governar nossa própria mente.

A consequência de não questionar é clara: uma diminuição na capacidade de compreensão e aprendizagem. Queremos à mercê de padrões de pensamento que não são necessariamente nossos, mas sim fruto de uma sociedade e cultura que nos moldamos desde o nascimento. Em vez de sermos os autores de nossa própria história, nos tornamos espectadores passivos.

Por isso, é fundamental desafiar constantemente essas noções preconcebidas. Não para negar sua existência ou importância, mas para garantir que eles sirvam a nós e não o contrário. Cada vez que questionamos, estamos abrindo uma porta para novos entendimentos e perspectivas. Estamos tomando decisões de nosso próprio destino mental.

Em suma, desvendar e compreender essas palavras ocultas é um passo crucial na jornada do autoconhecimento. É somente através desse questionamento constante que podemos esperar transcender os limites impostos por conceitos não examinados e alcançar uma compreensão mais profunda e enriquecedora de nós mesmos e do mundo ao nosso redor.

Ao desenvolver a intrincada tapeçaria do nosso psiquismo, começamos a perceber os padrões enraizados que muitas vezes nos levam a agir sem verdadeira consciência. Cada vez que damos espaço para o "pensar" sem reflexão, permitimos que o "subconsciente" conduza as ideias de nossas ações e decisões. Este é um domínio onde as experiências passadas, os condicionamentos culturais e as opiniões arraigadas operam em um nível oculto.

A palavra "consciente" muitas vezes é interpretada como a parte de nós que está acordada e consciente do que se passa ao nosso redor. Contudo, quantas vezes nos pegamos em um estado de piloto automático, realizamos tarefas diárias enquanto a mente vagaia por territórios distantes? E quanto ao "subconsciente"? Ele não é apenas uma sala escura de memórias esquecidas, mas sim o estoque de hábitos, padrões e respostas automáticas que definem grande parte de nossas reações.

Dito isso, quanto realmente sabemos sobre a máquina complexa que é nossa mente? As palavras que usamos para descrevê-la, como "pensar" e "pensamento", são em si abstrações que, se não forem verificadas e questionadas, podem limitar a vastidão do nosso potencial mental. E aqui reside o paradoxo: ao tentar entender nossa própria mente, corremos o risco de nos confinar dentro das barreiras da linguagem.

É vital, portanto, que nos permitamos questionar e redefinir constantemente esses termos. Ao fazer isso, não apenas ampliamos nossa capacidade de compreensão, como também reafirmamos nosso controle sobre a narrativa interna que guia nossas vidas. Ao desafiar as palavras e conceitos que tomamos como certos, nos libertamos das correntes invisíveis que nos prendem a padrões de pensamento rígidos e preconcebidos.

A jornada para uma compreensão mais profunda começa com a vontade de olhar além do aparente e questionar o status quo. Cada descoberta, cada insight, serve como um degrau que nos leva a uma versão mais desperta e consciente de nós mesmos. E neste processo contínuo de aprendizagem e autodescoberta, não nos tornamos apenas pensadores mais críticos, mas também seres humanos mais integrados e autênticos.

24

Pensamentos em Transmissão: A Batalha Invisível

É uma ideia comum entre os seres humanos que pensam de maneira individual, retida dentro dos limites de nossa própria mente. No entanto, a noção de pensar para os outros, de transferência e contratransferência, é intrigante e revelada. Essas interações levantam uma série de questões sobre a natureza e origem de nossos pensamentos, além do poder de influência que eles podem ter.

Primeiramente, ao olhar para as palavras "pensar" e "pensamento", há uma tendência natural de ocultar a complexidade e a multidimensionalidade desses conceitos. Elas sugerem uma atividade cerebral individual e contida, mas o que se esconde por trás dessa simplicidade?

Já o "consciente" e o "subconsciente", são como icebergs submersos, onde a maior parte de sua massa encontra-se oculta sob a superfície. No mundo visível do consciente, somos conscientes de nossos pensamentos e ações. Mas abaixo dessa camada, no profundo subconsciente, ocorrem trocas e influências que raramente percebemos.

A transferência de pensamentos, a capacidade de um pensar se move de uma alma para outra, desafia a noção tradicional de individualidade. Se o pensamento não é gerado pela alma, como sugerido, mas apenas aceito e transmitido, então estamos constantemente em um fluxo de influências e informações recebidas de outros. Mas, de onde esses pensamentos se originaram? Quem tem autoridade final sobre eles?

Se você realmente pensa em defender seus próprios interesses, como pode ser confiável? E se o subconsciente, com todas as suas memórias ocultas e influências latentes, está no controle da maior parte de nossa existência, então a luta para a clareza e prejuízos torna-se ainda mais crítica.

O maior desafio é a ocultação. Essas palavras - pensar, pensamento, consciente, subconsciente - servem como véus que obscurecem a verdadeira natureza da mente humana. Quando nos agarramos rigidamente a essas definições, nos privamos da oportunidade de explorar, questionar e compreender plenamente a vastidão de nossa existência psicológica

Para desvendar os mistérios da mente, é crucial não aceitar cegamente as narrativas impostas pelo pensar. O pensar, em sua essência manipuladora, muitas vezes busca validar sua existência e dominância. Ele tenta nos convencer de sua imutabilidade e de sua supremacia sobre a alma. No entanto, ao questionarmos e analisarmos profundamente estas narrativas, começamos a ver as fissuras e as inconsistências.

Os ensinamentos tradicionais nos dizem que o consciente é onde reside a lógica e a razão, enquanto o subconsciente é um caldeirão de desejos reprimidos, medos e memórias esquecidas. Mas, ao olhar para além destas definições simplificadas, percebemos que a relação entre o consciente e o subconsciente é muito mais dinâmica e interconectada do que parece. Eles não são entidades separadas, mas aspectos inter-relacionados da experiência humana.

Ao desmitificar estas palavras ocultas, começamos a ganhar claramente. Percebemos que nossa capacidade de aprendizado não é restrita ao que é visível ou facilmente compreensível. Ao contrário, é ao mergulhar nas profundezas do desconhecido e ao desafiar as narrativas do pensar que encontramos nosso verdadeiro potencial.

Na análise, o verdadeiro poder não reside em aceitar passivamente os ditames do pensar, mas em desafiar, questionar e, finalmente, transcender suas limitações. A jornada para o autoconhecimento e a verdadeira compreensão é repleta de desafios, mas ao enfrentarmos as palavras e conceitos que nos foram impostos, estamos dando um passo em direção à liberdade mental e espiritual. E essa liberdade é a chave para uma vida plena e autêntica, onde o pensar serve à alma, e não o contrário.

A vida é uma interação constante entre nossa essência interna e o mundo externo. Para que essa interação ocorra de forma harmoniosa, é vital entendermos as ferramentas que usamos para interpretar e responder ao que nos rodeia. Entre essas ferramentas, o pensamento tem um papel preponderante.

No entanto, ao nos aprofundarmos na natureza do pensar e em como ele se manifesta em nossas vidas, nos deparamos com uma miríade de conceitos que, muitas vezes, mais confundem do que esclarecem. Consciente e subconsciente são conceitos que foram explorados, discutidos e, muitas vezes, mal interpretados. Suas definições, por vezes obscuras, são justamente como "palavras ocultas" que podem atrapalhar nosso entendimento completo sobre nós mesmos.

Por exemplo, o consciente, frequentemente descrito como a parte da mente que interage ativamente com o mundo, pode ser facilmente influenciado por preconceitos, influências e desinformação. Já o subconsciente, que guarda nossas memórias, traumas e desejos profundos, influencia nossa consciência de maneiras que nem sempre compreendemos. Por isso, é crucial questionar e reavaliar constantemente esses conceitos, em vez de simplesmente aceitá-los como verdades imutáveis.

O pensar, como uma entidade que parece ter vida própria, procura, muitas vezes, preservar sua existência. Faz isso ocultando, distorcendo ou mesmo criando realidades. Se nos deixarmos levar por essas realidades sem o devido questionamento, acabamos de sobreviver em uma bolha, limitados por conceitos que não são realmente nossos.

Desmistificar e decifrar o poder e a influência das "palavras ocultas" é uma jornada que requer introspecção, questionamento e uma dose saudável de ceticismo. Em vez de permitir que o pensamento diga as regras, é necessário tomar as decisões, direcionar nosso foco para a essência de quem realmente somos e, assim, redescobrir a capacidade inata de aprender e evoluir.

Ao fazermos isso, não apenas recuperamos o controle sobre nossas vidas, mas também nos abrimos para um mundo de possibilidades infinitas, onde o aprender não é apenas um ato de acumular informações, mas sim uma jornada contínua de descoberta, crescimento e auto-realização.

30

A Alma Interroga o Pensar

Quando nossa alma se propõe um questionamento, uma cascata de indagações fluidas, buscando respostas para os mistérios mais profundos da existência. Em sua busca incansável por compreensão, a alma questiona o pensar: De onde vem? Quem você criou? Por que a vida é efêmera e qual sua origem? Onde se relacionam com essências de figuras divinas como Jesus Cristo e Deus? E o além, céu e inferno, onde se encontram?

Curiosamente, em vez de elucidar, o pensar muitas vezes se apresenta de forma enigmática. Envolto em palavras ocultas como "consciente" e "subconsciente", ele se torna um emaranhado de conceitos abstratos que, ao preferencial de específico, parecem obstruir o verdadeiro entendimento. Como pode o pensar, tão aclamado pela sua sabedoria, ser incapaz de responder a essas perguntas fundamentais? A resposta pode estar nas próprias ferramentas que ele usa.

O "pensamento", por exemplo, é uma manifestação do pensar. No entanto, muitas vezes é um reflexo de informações preexistentes, muitas delas incutidas por tradições, culturas e ensinamentos. Ao nos referirmos a entidades divinas, o pensar nos leva aos textos sagrados, como a Bíblia. No entanto, em vez de uma compreensão clara e intuitiva, nos deparamos com interpretações, simbolismos e parábolas. Isso não significa que essas escrituras não detenham verdade e sabedoria, mas sim que o pensar, ao interpretá-las, pode inserir suas próprias camadas de complexidade, afastando-nos da essência pura.

Da mesma forma, quando nos aprofundamos nas noções de "consciente" e "subconsciente", nos vemos em um labirinto de teorias psicológicas e filosóficas. Enquanto o consciente se manifesta em nossas ações diárias e decisões, o subconsciente opera nas sombras, influenciando-nos de maneiras que relatamos. No entanto, ao tentar discernir a sua verdadeira natureza e função, o pensar frequentemente nos deixa mais confusos do que esclarecidos.

Por que, então, o pensar, com toda sua magnitude, parece esconder mais do que revelar? A resposta pode ser simples: talvez o pensar, em sua essência, também esteja buscando. Assim como nós, ele pode estar em uma jornada contínua de autodescoberta. E, nesse processo, talvez oculte aquilo que ainda não compreende plenamente.

Em vez de depender exclusivamente do pensar para buscar respostas, talvez devêssemos olhar além, confiando em nossa intuição, em experiências nossas e, acima de tudo, na capacidade inata de nossa alma de discernir a verdade. Em vez de permitir que as palavras ocultas nos impeçam de aprender, recomendamos ver-las como degraus em nossa jornada de descoberta, sabendo que, por trás de cada conceito enigmático, há uma verdade esperando para ser desvendada.

O ato de questionar é uma faculdade específica ao ser humano. Se a alma se sente inquieta e busca o entendimento sobre sua origem, propósito e destino, o pensar, por sua vez, é como uma ferramenta que tenta decifrar essas complexidades. No entanto, muitas vezes, essa ferramenta se torna um obstáculo, especialmente quando se envolve em um mar de terminologias e conceitos que, em vez de esclarecedores, obscurecem.

A natureza dual do "consciente" e do "subconsciente" é um exemplo notório. O pensar nos diz que o consciente é a parte ativa da mente, aquilo que percebemos e com o qual interagimos diariamente. Já o subconsciente é uma espécie de repositório de memórias, impulsos e traumas que influenciam nossa realidade de maneiras sutis. Contudo, por que é tão difícil acessar este último? Por que, se ambos fazem parte de nós, um parece estar tão velado? A resposta pode residir no próprio ato de categorizar e definir. Ao tentar entender algo tão vasto e profundo, o pensamento frequentemente recorre a divisões e categorias que, em vez de esclarecedoras, limitam.

As perguntas sobre Deus, Jesus Cristo, o céu e o inferno também exemplificam esse dilema. O pensar, ao tentar compreender a civilização e a eternidade, muitas vezes se refugia em dogmas e escrituras. Embora esses textos sagrados carreguem verdades universais, a interpretação literal pode ser traiçoeira. Afinal, a verdadeira essência de Deus ou do universo pode estar além da capacidade da linguagem humana de expressão.

Além disso, há uma tendência de pensar em se colocar em uma posição central, como se fossem os únicos detentores da verdade. Esse egocentrismo do pensar pode ser um obstáculo na busca da alma pela verdade. Ao se colocar no pedestal, o pensar pode impedir que vejamos além, que exploremos outras formas de conhecimento e que confiemos em nossa própria intuição.

Portanto, para realmente aprender e compreender, talvez devêssemos dar um passo atrás e permitir que a alma guie o caminho. Em vez de se perder nas palavras e conceitos ocultos, a alma deve buscar a simplicidade e a pureza. Somente assim, livre das amarras do pensamento complicado, a verdadeira aprendizagem e compreensão podem emergir. E nesse processo, poderemos descobrir que a resposta às perguntas mais profundas reside não nas palavras, mas na experiência e na conexão com o divino que habita em cada um de nós.

A jornada da alma em busca de compreensão é longa e intrincada. Na travessia pelo mar do conhecimento, muitas vezes encontramos tempestades de confusão e nuvens de dúvidas. O pensar, embora sirva como uma bússola, nem sempre aponta para o norte verdadeiro. Em vez disso, ele pode ser influenciado por preconceitos, crenças limitantes e perturbações que se acumularam ao longo do tempo.

As terminologias – "pensar", "pensamento", "consciente", "subconsciente" – muitas vezes atuam como véus que escondem a realidade ao invés de revelar- la. Em nossa tentativa de categorizar e definir, corremos o risco de simplificar moderadamente ou complicar demais a essência daquilo que tentamos entender. Esta abordagem dualista, que insiste em dividir e categorizar, pode ser contraproducente. Em vez de esclarecer, pode obscurecer; em vez de liberar. Se tomarmos o conceito de Deus, por exemplo, percebemos que ao longo da história, diversas culturas e religiões pretendem definir e entender a natureza divina. Mas o pensar, em sua tentativa de entender o infinito, pode ficar preso em suas próprias limitações. Como pode a mente finita compreender totalmente o infinito? Como pode o pensamento humano, que é por natureza limitada, compreensivo ou ilimitado?

No entanto, a busca não é em vão. Em nossa ânsia por compreensão, somos levados a momentos de profunda introspecção e conexão. E é aqui que a alma brilha mais intensamente. Quando nos desvinculamos dos grilhões do pensamento rígido e nos abrimos para experiências mais profundas e intuitivas, começamos a vislumbrar as respostas.

A verdadeira aprendizagem não é apenas acumular informações ou memorizar definições. É uma dança entre o pensar e o sentir, entre a mente e a alma. E enquanto as palavras podem servir como sinais ao longo do caminho, a verdadeira compreensão reside na experiência direta e na cabeça que está aberto para receber.

Na análise, a alma não precisa de respostas prontas. Ela anseia pela experiência, pela jornada. E, ao longo do caminho, ao desvendarmos os mistérios do universo e de nós mesmos, descobrimos que, muitas vezes, as perguntas são mais importantes do que as respostas. E que, em nossa busca pela verdade, o ato de buscar em si é o que realmente nos define e nos enriquece.

36

O Engano das Palavras Ocultas

Durante grande parte da minha vida, vivi sob a sombra de palavras que, em retrospecto, revelaram-se ocultas e enganosas. O peso que atribuí a termos como "pensar", "pensamento", "consciente" e "subconsciente" criou uma névoa que obscureceu minha capacidade de enxergar além das fronteiras que essas palavras impunham.

Era como essas palavras foram construídas uma prisão invisível ao redor da minha mente. Toda vez que tentava buscar compreensão ou sentido para os acontecimentos e sentimentos que experimentava, voltava-me a esses termos, esperando que eles fossem as chaves que desbloqueariam como respostas. No entanto, quanto mais me apegava a eles, mais me sentia enredada em suas complexidades, perdendo-me em labirintos mentais sem saída.

A verdade que descobri foi que, ao confiar cegamente nessas palavras ocultas, estava limitando minha própria capacidade de perceber, sentir e compreender o mundo ao meu redor. Elas se tornaram muletas, nas quais eu me apoiava, acreditando que possuíam um poder inerente e um significado profundo.

Mas a revelação veio quando decidi questionar e desafiar esses conceitos. Por que acreditar cegamente em palavras e ideias que, ao invés de esclarecer, muitas vezes acrescentam camadas de confusão? Por que permitir essas noções, por mais tradicionais ou aceitações que sejam, ditem a realidade da minha experiência?

Ao liberar-me da crença inabalável nessas palavras ocultas, comecei a ver o mundo com novos olhos. Um mundo onde a experiência direta, o sentir genuíno e a observação consciente têm mais valor do que qualquer termo ou conceito pré-definido. Um mundo onde a liberdade reside em abraçar a incerteza e o mistério, em vez de se apegar a palavras que prometem, mas raramente entregam, claras.

Hoje, vejo que meu erro foi dar poder demais a essas palavras ocultas, permitindo que elas moldassem e definissem minha realidade. Mas ao considerar esse engano, abri as portas para uma jornada de autodescoberta, onde a verdadeira compreensão vem não de palavras, mas da conexão autêntica com o mundo e comigo mesma. É essa jornada que agora escolho seguir, livre das amarras das palavras ocultas.

38

Pensar e todas as palavras relacionadas são inválidas

Numa sociedade onde o poder da linguagem é inquestionável, é vital questionar a origem e a validade das palavras que usamos. "Pensar" e todas as palavras associadas a ele carregam um peso significativo, mas até que ponto elas realmente possuem substância?

Para ilustrar, vamos considerar uma história:

Suponha que eu escreva uma carta para um juiz, como na história apresentada:

"Caro Juiz, sou João Batista e venho lhe anunciar uma reflexão sobre sua vida. Aconselho que analise profundamente as minhas palavras, sem se deixar levar por imaginações. Existe uma ameaça ameaçadora contra sua vida. Planeje seus próximos passos com cautela. Minhas palavras são de amor e preocupação para com você."

Agora, o juiz, ao receber tal carta, certamente ficaria alarmado e procuraria entender a origem e o propósito da ameaça. Ao questionar a fonte e o motivo por trás das palavras, se a resposta for "Não sei lhe dar essa resposta! Só fiz o aviso!", a mensagem se tornaria automaticamente inválida. Porque? Porque ela carece de substância, razão e fundamento. É uma afirmação vazia, desprovida de contexto ou prova.

Da mesma forma, quando consideramos palavras como "pensar", "refletir", "meditar" e outras relacionadas, temos que perguntar: De onde vêm? Qual é a sua fonte de origem? Qual é o propósito delas? Se não conseguirmos encontrar respostas concretas para essas questões, devemos questionar a validade dessas palavras em nossa vida e em nossa compreensão do mundo.

Concluindo, assim como uma ameaça sem fundamento é inválida, palavras e conceitos sem uma origem clara e propósito definido são igualmente questionáveis. Portanto, é essencial que questionemos constantemente as palavras e ideias que aceitamos cegamente, a fim de buscar uma compreensão mais profunda e fundamentada da realidade.

Assim, na busca pela verdade, a validade das palavras é um componente crucial. Quando aceitamos conceitos e terminologias sem questioná-los, corremos o risco de construir toda a nossa compreensão e percepção de mundo com base em fundamentos frágeis. Essas fundações instáveis podem nos levar a lições errôneas, ações precipitadas ou, no pior dos casos, a uma vida vívida na ignorância.

A história do juiz e da ameaça misteriosa serve como uma analogia para a importância de se procurar a fonte e o significado por trás das palavras e conceitos que aceitamos. Assim como o juiz precisa de clareza para entender a ameaça e tomar as medidas adequadas, nós também precisamos dessa clareza em nossa vida cotidiana para tomar decisões informadas e viver uma vida autêntica.

Especificamente sobre palavras como "pensar", "consciente", "subconsciente" e outras relacionadas, é vital que nos perguntemos: O que realmente sabemos sobre elas? Estamos apenas aceitando definições e interpretações preestabelecidas sem questioná-las?

Ao questionar e buscar a origem e o propósito dessas palavras, podemos nos libertar de possíveis armadilhas conceituais e caminhar rumo a uma compreensão mais profunda e autêntica de nós mesmos e do mundo que nos rodeia. Assim, o ato de questionar torna-se uma ferramenta poderosa, uma lente através da qual podemos enxergar a realidade com maior clareza e discernimento.

A sociedade em que vivemos tem uma tendência de nos alimentos com definições e significados que nem sempre são explicados ou compreendidos em sua totalidade. Isso pode levar à acessibilidade, cega de conceitos, sem uma investigação profunda sobre sua essência. O ato de questionar não é apenas um exercício intelectual, mas uma necessidade para aqueles que buscam uma vida mais consciente e fundamentada.

No entanto, há uma resistência resistente em muitos de nós em desafiar o status quo. Perguntar "por quê?" é frequentemente visto como perturbador ou incômodo, especialmente quando essas perguntas desafiam ideias ou amplamente aceitas. Mas é justamente esse ato de questionar, de desafiar e de buscar a verdade, que nos permite crescer e evoluir como seres humanos

Considere o poder das palavras e como elas moldam nossa realidade. Quando aceitamos passivamente termos como "pensar", "consciente", "subconsciente", não aceitamos apenas palavras, mas também os sistemas de crença e estruturas de poder que os acompanham. Por não examinar o fundo a origem e o significado destas palavras, limitamos nossa capacidade de compreensão e, por consequência, nossa capacidade de autodeterminação.

Ao reconhecer que muitos dos conceitos que aceitamos como verdadeiros podem, na realidade, ser inválidos ou ao menos incompletos, abrimos a porta para uma exploração mais profunda da realidade. A verdadeira sabedoria não está em aceitar tudo o que estamos aqui, mas em questionar, explorar e buscar entender.

Na última análise, a validade do nosso pensamento, da nossa consciência e da nossa compreensão do mundo se baseia em nossa vontade e capacidade de questionar. As palavras têm poder, mas esse poder é moldado e definido por nós, pela maneira como as compreendemos e as utilizamos. A questão é: Estamos prontos para aceitar o desafio e buscar uma compreensão mais profunda e autêntica? A escolha é nossa.

Mundo de Deus

No mundo que conhecemos, muitas vezes somos bombardeados por palavras e conceitos que pretendemos definir, limitar e até ocultar realidades maiores e mais profundas. Essas palavras, que chamamos de "ocultas", podem mascarar como verdadeiras essências da vida e da espiritualidade, distorcendo nosso entendimento e nos afastando da verdadeira compreensão do mundo de Deus.

A presença constante de termos e ideias como "pensar", "consciente", "subconsciente", e até mesmo "verdade" e "realidade", pode obscurecer a visão que temos do divino e do propósito superior de nossa existência. Aceitando essas palavras sem questionamento, caímos na armadilha de ver o mundo apenas através da lente limitada da razão humana, negligenciando a perspectiva espiritual que é inerente à nossa natureza.

No mundo de Deus, a simplicidade e a simplicidade reinam. Não há necessidade de palavras complicadas ou conceitos abstratos para expressar a verdade, porque a verdade, em sua forma mais pura, é clara e incontestável. No reino divino, a conexão entre as almas e os espíritos santos é direta e inquebrável, não obstruída por camadas de interpretações humanas ou conceitos fabricados.

Os espíritos santos, em sua infinita sabedoria e amor, trabalham incansavelmente para guiar e proteger as almas que buscam a verdade. Eles nos ajudam a ver além das palavras ocultas e a considerar a presença de Deus em cada momento de nossas vidas. No entanto, o livre arbítrio nos permite escolher – aceitar a verdade divina ou permanecer na ignorância.

Ao considerar a presença das palavras ocultas e questionar sua validade, começamos a desvendar o véu que nos separa da verdadeira compreensão do mundo de Deus. Devemos lembrar que a busca pela verdade e pelo entendimento espiritual é um caminho contínuo, e cabe a nós tomar a decisão verdadeira de seguir em direção à luz divina, superando os obstáculos e as distorções que as palavras ocultas podem criar em nosso caminho.

No mundo divino, não há espaço para as ilusões criadas por palavras e conceitos que obscurecem nossa verdadeira essência. A pureza e clareza da comunicação espiritual são retiradas por um silêncio eloquente que fala mais alto do que qualquer linguagem. Esse silêncio ressoa com a harmonia do universo, permitindo que nossas almas se comuniquem com Deus e com os espíritos santos de maneira direta e ininterrupta.

À medida que nos aproximamos dessa verdadeira comunicação com o divino, descobrimos que a barreira das palavras ocultas começa a desaparecer. Em vez de sermos guiados por conceitos vagos e muitas vezes enganosos, somos conduzidos pela luz da verdade, que ilumina nosso caminho e nos mostra o propósito maior de nossa existência.

No entanto, o mundo terreno está cheio de distrações e tentativas que nos procuram afastar desse caminho de iluminação. A sociedade, muitas vezes, nos incentiva a aceitar palavras ocultas como verdades absolutas, sem nunca questioná-las ou buscá-las mais profundamente. Porém, é nosso dever espiritual buscar constantemente a verdade e aspirar a uma conexão mais profunda com o divino.

Os espíritos santos, em sua infinita compreensão, nos oferecemos a mão e nos guiamos, mas cabe a nós aceitar essa ajuda. Devemos abrir nossos cabeça e alma para o conhecimento que eles nos oferecem e deixar de lado as ilusões , No final, a jornada espiritual é uma de autodescoberta e conexão. Ao rejeitar as palavras e conceitos que nos limitam e nos obscurecem, abrimos a porta para uma compreensão mais profunda do universo e do nosso lugar nele. Com a orientação dos espíritos santos e a bênção de Deus, podemos transcender as limitações terrenas e abraçar a verdadeira essência de nossa existência divina.

Ao se imergir no universo espiritual, percebe-se que a dimensão terrestre é apenas uma fração da vastidão que é uma criação de Deus. As palavras ocultas, muitas vezes, atuam como véus que encobrem a verdadeira natureza da existência. No entanto, ao nos conectarmos com a essência divina, temos a oportunidade de olhar além desses véus e enxergar a realidade em sua plenitude.

A realidade divina é uma tapeçaria intrincada de luz, amor e conexão. Em vez de se concentrarem nas divisões e diferenças que as palavras ocultas promovem, os habitantes do reino de Deus veem a unidade em todas as coisas. Neste reino, cada alma é reconhecida e valorizada por sua contribuição única para o todo.

A interação com os espíritos santos amplia nossa capacidade de compreensão. Eles nos mostram que, para realmente compreender Deus e Seu plano para nós, devemos estar dispostos a abandonar nossos preconceitos e nos abrir para a sabedoria que flui incessantemente do divino. A comunicação com esses seres elevados é menos sobre palavras e mais sobre sentir, intuir e compreender.

Ao abandonarmos nossa dependência de palavras ocultas e nos voltarmos para o divino, começamos a operar em uma frequência mais elevada. Isso nos permite perceber a sincronicidade divina, os sinais e as mensagens que estão sempre presentes, mas muitas vezes ocultos pela névoa das distrações terrestres.

O desafio, então, não é apenas considerar palavras e conceitos que nos limitam, mas também praticar uma vida de introspecção, meditação e oração, fortalecendo assim nossa conexão com o mundo de Deus. E ao fazermos isso, nos tornamos iluminados de luz, amor e esperança, guiando outros em sua jornada espiritual, mostrando-lhes o caminho para além das sombras das palavras ocultas, em direção à verdadeira iluminação.

A VERDADE

Ao longo de sua jornada espiritual, João sempre teve questionamentos profundos sobre a natureza da realidade e o propósito da existência. E, em sua busca, Jesus sempre foi seu guia, iluminando os caminhos mais sombrios de sua alma mostrando-lhe o verdadeiro significado da vida.

Certo dia, João questionou: "Por que, Jesus, muitas pessoas não sentem ou reconhecem a presença dos espíritos em suas vidas?"

Jesus, com sua sabedoria eterna, respondeu: "João, cada ser humano tem seu ritmo próprio e momento de despertar. Muitos ainda estão adornados para a realidade sutil dos espíritos, mas isso não significa que os espíritos não estejam presentes em suas vidas. Aqueles que negam sua existência, de certa forma, criam uma barreira em suas próprias almas, tornando-se insensíveis à comunicação espiritual."

João, buscando compreensão, indagou: "Então, como posso ajudar os outros a refletirem e se conectarem com o mundo espiritual?"

Jesus disse: "Através do exemplo, João. Viva sua verdade, mantenha-se firme em sua fé e permita que sua luz brilhe. Muitos são atraídos para a verdade através da observação e do testemunho de outros. Ao viver na verdade, você se torna um farol para aqueles que estão perdidos."

Com os ensinamentos de Jesus sempre ao seu lado, João passou a se dedicar ainda,

Alma e Espíritos: Uma Realidade Desvelada

A compreensão de nossa natureza espiritual é frequentemente obscura por palavras e conceitos que perturbam a verdadeira realidade. No entanto, uma conversa revelada entre João e Jesus Cristo nos dá uma visão mais clara desse domínio muitas vezes mal compreendida.

João, buscando aprofundar seu entendimento, pergunta a Jesus: "Dá para controlar outros humanos através da influência espiritual?" A resposta de Jesus é clara: "Não, isso é tarefa dos espíritos santos. O papel da alma é simplesmente ser verdadeiro em sua existência e não tentar importa sua vontade sobre os outros."

Palavras como "pensar", "pensamento", "consciente" e "subconsciente" muitas vezes são usadas para desviar nossa atenção do fato de que são os espíritos que nos fornecem informações e guiam nossa jornada terrena. Em vez de nos ajudar a entender nossa conexão com o divino, essas palavras tendem a confundir e invalidar nossa verdadeira natureza espiritual.

Jesus acrescenta: "Se sua alma tenta ajudar, mesmo com os melhores desejos, isso pode ser interpretado como um desejo de poder. A única forma genuína de assistência é apresentar a verdade da existência e guiar os outros na direção da luz e do entendimento. Quando você busca favores dos espíritos, está, na verdade, cometendo um erro grave aos olhos do Pai, do Filho e dos espíritos santos."

Assim, fica claro que a nossa alma, enquanto manifestação da centelha divina, deve operar em harmonia com os espíritos, entendendo que o verdadeiro poder reside na acessibilidade e no entendimento de nossa realidade espiritual, e não na manipulação ou controle de outros. Reconhecer e honrar essa dinâmica é fundamental para uma coexistência harmoniosa e um crescimento espiritual genuíno.

No curso de nossa existência terrena, muitos são levados a acreditar que possuímos controle total sobre nossas vidas, baseando-se apenas em nossa lógica e vontade. No entanto, essa percepção é apenas uma fração da realidade maior.

João, em sua busca incessante por entendimento, indaga a Jesus: "E como podemos discernir a voz dos espíritos das vozes que consideramos nossas?" Jesus, com sua sabedoria inabalável, responde: "A alma, em sua pureza, é um receptor das mensagens dos espíritos. Quando você sente uma intuição forte, um impulso de amor, compaixão ou uma direção clara em meio à confusão, é muitas vezes "A orientação dos espíritos santos. As vozes que levam ao egoísmo, ao medo, à dúvida ou à manipulação muitas vezes resultam de influências menos elevadas ou de interpretações errôneas da alma."

A linguagem espiritual não é composta de palavras como a convivência, mas de sentimentos, intuições e conhecimento interior. A confusão surge frequentemente quando tentamos traduzir essa linguagem espiritual em nosso idioma humano, onde palavras como "consciente" e "subconsciente" são usadas. No entanto, elas não fazem justiça à complexidade e à profundidade da comunicação espiritual.

"A alma", continua Jesus, "deve buscar a verdadeira compreensão, não se perder em terminologias e conceitos humanos. A clara vem da atenção, da oração e da disposição genuína de escutar. Em vez de se concentrar nas palavras, concentre-se nas sensações, na paz interior e no amor que flui. Esses são os verdadeiros indicadores da presença e orientação dos espíritos santos."

Portanto, em nossa busca por entendimento e conexão, é imperativo que reconheçamos a importância de sintonizar nossas almas com as vibrações superiores e de discernir as mensagens verdadeiras das ilusórias. Para fazer isso, podemos trilhar um caminho de proteção, propósito e iluminação espiritual.

Ao longo dessa jornada, somos constantemente testados em nossa fé e discernimento. As distrações do material mundial podem frequentemente abafar as mensagens sutis dos espíritos santos, mas é crucial permanecer vigilante e atento.

João, reflexivo, pergunta: "E se, por vezes, nos desviamos ou falhamos em ouvir? Como voltamos ao caminho da verdade?" Jesus, responde: "Todos os seres humanos erram e desviam-se. O que importa não é o erro em si, mas o reconhecimento e a determinação de concordar e aprender com ele. Sempre que se sentir perdido, faça uma pause, respire profundamente e busque dentro de si. Os espíritos santos estão sempre prontos para orientar aqueles que buscam sinceramente."

A vida é um processo contínuo de aprendizado e crescimento. Cada desafio, cada obstáculo, é uma oportunidade para aprofundar nossa conexão com o divino e fortalecer nossa compreensão espiritual. É essencial lembrar que não estamos sozinhos nessa jornada. Ao nosso lado, os espíritos santos nos guiam, protegem e iluminam.

Entretanto, é importante ser cauteloso com as palavras e conceitos que podem obscurecer a verdade. Quando confiamos demais em terminologias e conceitos humanos, corremos o risco de perder a essência da comunicação espiritual. Em vez disso, devemos buscar a essência, a verdade pura que reside além das palavras.

Em sua sabedoria infinita, Jesus conclui: "A verdadeira comunicação espiritual vai além das palavras e conceitos. Reside , na alma e no espírito. Quando se busca com sinceridade, quando se ouve com atenção e quando se vive com amor e compaixão, a verdade se revela em sua forma mais pura e magnífica."

E assim, com uma profunda sensação de paz e clara, João continua sua jornada, armado com o conhecimento de que, em cada momento, ele é guiado, amado e protegido pelos espíritos santos. E, mais importante, que a verdade resida dentro dele, esperando que seja descoberta e vivida de forma plena.

55

CURA E IMORTALIDADE

João, sempre em busca de compreensão, vira-se para Jesus Cristo e pergunta: "Como conseguimos discernir a verdadeira informação que nos é transmitida? Como sabemos o que é autêntico e o que é indução de espíritos malignos?"

Jesus, , responde: "João, cada informação que chega à sua cabeça tem um propósito, e esse propósito é direcionado pelo poder que o originou. A verdadeira informação tem o poder de transformar, de criar, de modificar a matéria, enquanto as ilusões e enganações têm o propósito de desviar e confundir." Tudo o que leva a menti e engano.

João, um pouco desconcertado, diz: "Então, como distinguir o real do ilusório? Principalmente quando palavras e conceitos, como 'pensar', 'pensamento', 'consciente' e 'subconsciente', tendem a nos confundir?"

Jesus responde: "Essas palavras são ferramentas humanas de compreensão, e muitas vezes podem ofuscar a verdade. Não se apegue a elas. Em vez disso, sintonize-se com a essência das informações. Pergunte-se: 'Isso ressoa com a verdade do meu ser?Isso me traz paz ou confusão?' Se algo causa inquietação ou dúvida, busque mais fundo, minério e medite. O Espírito Santo guiará sua alma na distinção entre a verdade e a ilusão."

"E a cura? A imortalidade?" João insiste.

Jesus explica: “A verdadeira cura vem de dentro. É um alinhamento com a verdade, com o divino. Enquanto você busca respostas fora de si, dá poder às externalidades. propósito divino. Quanto à imortalidade, ela não é como os homens entendem, de A verdadeira imortalidade é a continuidade da alma, sua jornada eterna em direção à perfeição e união com o Divino."

E assim, com esclarecer e determinação, João segue seu caminho, sabendo que cada informação, cada sensação, tem um propósito divino. E que, com discernimento e fé, ele pode navegar pelas águas da existência com propósito e verdade.

joão, pergunta: "Mestre, você fez a busca pela perfeição e a imortalidade. É possível alcançar a imortalidade em carne, neste mundo?"

Jesus, confirmando a profundidade da pergunta, responde: "João, a verdadeira imortalidade não se refere apenas à permanência do corpo físico, mas à elevação do espírito.

João concorda, "Sim, Mestre. Há rumores e histórias de santos e certezas que conseguem manter seus corpos vivos por períodos além do natural, resistindo ao envelhecimento e à morte."

Jesus diz: "O espírito, em sua forma mais pura, é energia, e essa energia tem o poder de influenciar e modificar a matéria. Quando o ser humano se alinha completamente com a fonte divina, seu espírito se torna-se tão poderoso que pode impactar diretamente o corpo físico, tornando-o mais resistente, mais saudável e, em alguns casos raros, prolongando sua existência. A busca, entretanto, não deve ser pela permanência da carne, mas pela união com o Divino. "

João, fascinado, questiona: "Então é possível que, através de uma vida reta, devoção e conexão com o Espírito Santo, possamos fortalecer nosso corpo e resistir ao desgaste natural do tempo?"

Jesus responde: "Com fé, conexão e pureza de intenção, muitas coisas que parecem impossíveis tornam-se possíveis. No entanto, o objetivo principal não deve ser a longevidade do corpo, mas a evolução do espírito. A imortalidade em carne pode ser uma consequência dessa evolução, mas não o objetivo final."

João reflete sobre as palavras de Jesus e compreende que a verdadeira busca é pela elevação espiritual, pelo amor e pela união com o Divino. A possibilidade de uma vida prolongada em carne é apenas um testemunho do poder do espírito sobre a matéria, mas o verdadeiro tesouro está na conexão com a fonte de toda a vida.

59

ARREPENDIMENTO

João, olhando com olhos da alma dentro da cabeça atentamente para Jesus , indaga: "Então, Mestre, nossas ações e escolhas atraem diferentes tipos de espíritos que nos influenciam?"

Jesus explica: "Sim, João. Todas as vezes que você envelhece de maneira negativa ou faz escolhas ruínas, espíritos que se alinham com essa energia são atraídos para você. Eles não são apenas influências externas, mas tornam-se parte de sua experiência, moldando sua realidade. Por outro lado, quando você envelhece com amor, segurança e justiça, atrai espíritos de luz, que trazem vitórias e proteção."

João, ainda buscando entender, pergunta: "Mas Mestre, se errarmos, como podemos merecer as vitórias e a proteção divina?"

Jesus, responde: "Por meio do arrependimento sincero. Quando você se arrepender, confirme seu erro e deseje uma mudança interna. Esse reconhecimento é uma porta que você abre para que eu e os espíritos santos possam atuar, retirando as influências negativas e te fortalecendo em seu caminho de luz."

“Pedir perdão a outro ser humano”, continua Jesus, “é um gesto de amor e humildade. Ao fazer isso, você não só repara um dano causado, mas também fortalece sua conexão com os espíritos de luz. uma ressonância que atrai mais do mesmo para sua vida."

João, compreende a magnitude do que Jesus lhe disse. Ele entende agora a importância do arrependimento e do perdão e perdão o poder que as escolhas têm em moldar a realidade física e espiritual. Determinado, ele decidiu viver uma vida compatível com o amor e a verdade, atraindo assim as vitórias divinas para si e para aqueles ao seu redor.

João, tocado pela profundidade das palavras de Jesus, reflete por um momento e, com uma expressão de busca sincera, questiona: "Mestre, se a escolha da alma é tão poderosa, como posso garantir que estou sempre tomando as decisões corretas e evitando influências negativas?"

Jesus, percebendo a sinceridade na busca de João, responde: "A chave, João, está na conexão constante com o Divino. A meditação, a oração e a prática diária de atos de retenção te aproximam dos espíritos de luz. Quando estiver em dúvida, busque silenciar sua cabeça e ouvir o que os espiritos tem a dizer. Pergunte ,Ela é sua bússola interna, conectada à Fonte de toda a criação."

João, absorvendo cada palavra, pergunta: "E sobre os espíritos malignos que podem tentar nos influenciar, como podemos nos proteger?"

Jesus, diz: "Lembre-se sempre, João, de que a luz sempre supera a escuridão. Quando você está imerso em amor, gratidão e compaixão, cria uma barreira de proteção ao seu redor que afasta as influências negativas Além disso, a força da sua intenção, quando pura, atua como um escudo contra qualquer tentativa ou influência mal-intencionada."

João, sentindo uma paz profunda, conclui: "Então, a verdadeira força reside em nosso interior, em nossa conexão com o Divino e em nossas escolhas alinhadas com o amor."

Jesus afirma: "Exatamente, João. A jornada é sua, mas saiba que nunca está sozinho. Os espíritos de luz estão sempre ao seu lado, prontos para guiá-lo e mantê-lo, e eu estou aqui para mostrar o caminho." João, volta-se para Jesus e pergunta: "Mestre, como posso fortalecer essa conexão diariamente? Como posso me lembrar constantemente de seguir o caminho da luz, mesmo diante das adversidades do mundo?"

Jesus, diz João com profunda compreensão, responde: "A prática é a chave, João. Assim como um músculo se fortalece com o exercício, sua conexão com o Divino se fortalece com a prática diária. Dedique um tempo todos os dias para a meditação e oração. Leia as escrituras e outras fontes de sabedoria. E mais importante, pratique o amor e a compaixão em suas ações diárias. Não é apenas através de grandes gestos, mas nas pequenas ações do dia a dia que você demonstra seu compromisso com a luz."

João reflete por um momento e diz: "E quanto aos momentos de dúvida e desespero? Como posso manter minha fé firme mesmo quando tudo parece desabar?"

Jesus, diz: "Lembre-se de que o sol ainda brilha por trás das nuvens mais escuras. Mesmo nos momentos mais difíceis, nunca estará sozinho. Os espíritos de luz , seus guias e protetores, estão sempre com você. Em momentos de desespero, busque a quietude e peça por orientação. A resposta pode não vir imediatamente, mas confie que ela virá. A fé é a chama que ilumina a escuridão, e é através dos desafios que sua fé é testada e fortalecida."

João, sentindo-se revigorado por essa nova compreensão, obrigado: "Mestre, suas palavras me dão força e direção. Estou grato por sua sabedoria e amor."
Jesus conclui: "A jornada é sua, João, mas saiba que está trilhando o caminho divino. E cada passo que dá

em direção à luz é um testemunho do amor de Deus por você."

64

O Calabouço e a Essência do Amor

João, buscando compreender as complexidades do amor e da existência, questionou Jesus Cristo: "Mestre, sempre ouvi dizer que o amor vem do coração. Isso é verdade?"

Jesus, com sabedoria e esclarecido, respondeu: "João, o coração, em sua essência física, é uma fortaleza onde os espíritos malignos, rejeitados pela alma, são aprisionados. O verdadeiro amor, aquele puro e imutável, não reside no coração físico. Ele brota da alma, que é a verdadeira fonte da conexão com o Divino."

Refletindo sobre as palavras do Mestre, João indagou novamente: "Então, é a alma que regulariza e se conecta ao amor verdadeiro, ao amor divino?"

Jesus confirmou: "Exatamente, João. A alma é o reflexo da sua verdadeira identidade, o elo entre a existência terrena e a espiritual. É ela que, em meio às adversidades e tentações dos espíritos malignos, busca e se liga ao amor divino. A a vida é feita de escolhas, e a cada momento, sua alma decide entre a senda do amor divino ou os desvios das trevas."

João, com olhar iluminado pelo entendimento, disse: "Assim, a verdadeira jornada é alimentar a alma com o amor divino, fortalecendo-a contra as influências negativas e mantendo-me sempre alinhado à verdade e à luz."

Jesus, finalizou: "Sim, João. E nessa jornada, ao optar pelo amor e pela verdade, você reflete e irradia a essência divina por onde passa." João, sentindo um misto de esclarecimento e curiosidade, prosseguiu: "Mestre, se o coração físico é apenas um calabouço para os espíritos malignos, como podemos limpar esse espaço e permitir que ele reflita o amor e a luz da alma?"

Jesus, , responder: "O coração físico, assim como todo o corpo, é uma ferramenta que Deus lhe deu para viver nesta existência. Embora os espíritos malignos possam encontrar refúgio temporariamente nele, o poder da alma é imensa. Quando você alimenta sua alma com amor, fé e retenção, essa energia se irradia por todo o corpo, purificando-o."

"Imagine seu coração como uma taça. Quando preenchido com a água pura da espera e do amor, ela transborda, limpando qualquer impureza. Então, ao invés de se concentrar em remover os espíritos malignos, concentre-se em encher sua alma e seu coração com o amor divino."

João, com uma nova compreensão da natureza do coração e da alma, disse: "Compreendo agora, Mestre. É como se a luz da alma, quando forte e vibrante, apagasse qualquer sombra que possa existir no coração."

Jesus concordou: "Exatamente, João. A escuridão não pode resistir à luz. Alimente-se diariamente da luz do amor divino, e nenhuma sombra terá espaço em seu ser."

Deus e todas as palavras relacionadas são válidas

Em uma sala silenciosa e bem iluminada, o juiz sentou-se em sua cadeira, olhando atentamente para João Batista, um homem de olhar penetrante e expressão serena.

“Olá, Excelência”, começou João. "Antes de tudo, permita-me compartilhar algo que possa guiar suas reflexões mais profundas. Sei que as palavras têm poder, e a validade das mesmas se manifestam por sua fonte de origem, causa e efeito. Peço que analise com discernimento o que vou lhe dizer ."

Concordou o juiz, incentivando João a continuar.

"Existem influências em nossa vida, invisíveis ao olho, mas sentidas pelo cabeça e pela alma. Essas influências de espíritos, podem ser tanto construtivas quanto destrutivas. Os espíritos malignos distorcem a realidade, induzem-nos a erros e nos afastam da verdadeira essência da vida. Ao contrário, os espíritos santos nos guiam para a luz, para o amor e para a verdade."

O juiz , habituado a lidar com argumentações lógicas e evidências tangíveis, sentiu-se desafiado pelo discurso espiritual de João. "Por que eu digo isso agora? O que quer que eu entenda?"

João respondeu: "Excelência, suas decisões têm impactos profundos nas vidas das pessoas e na sociedade. É vital que compreenda a fonte de sua inspiração e discernimento. Se for influenciado por espíritos malignos, pode ser contínuo a falhas. No entanto, alinhando-se com os espíritos santos, suas decisões serão guiadas pelo amor, justiça e verdade."

A mensagem era clara: A origem das palavras e informações tem causas e efeitos reais em nossas vidas e no mundo ao nosso redor. E, na informação deste entendimento, está a validade e o poder da palavra "Deus" e tudo que a ela está relacionado.

Refletindo sobre as palavras de João, o juiz sentiu um renovado senso de propósito e compromisso com a verdade e justiça, reconhecendo a importância de sempre buscar a orientação divina em suas decisões.

Enquanto o silêncio se instalava na sala, os olhos do juiz estavam repletos de profundidade e reflexão. Os minutos foram explicados horas, enquanto ele ponderava sobre a responsabilidade de sua posição e as implicações do que João lhe tinha dito.

“Nunca tinha visto desta forma, João,” confessou o juiz. “Tantas vezes me permiti ser guiado unicamente pela letra da lei, esquecendo-me da essência espiritual e moral que deveria estar por trás de cada decisão. Como posso me reconectar com essa essência divina, para que minha justiça seja realmente justa?"

João, percebendo a sinceridade da pergunta, respondeu com calma: "Excelência, a conexão com o divino começa pelo reconhecimento de nossa própria humanidade. Precisamos aceitar nossa imperfeição e, ao mesmo tempo, nossa capacidade infinita de amor e retenção. É um caminho de humildade e autorreflexão. Sempre que tomar uma decisão, pergunte se está sendo guiado pelo amor e pela compreensão, e se está honrando a verdadeira essência do ser humano."

O juiz sentiu uma onda de exploração de sua cabeça. "Agradeço por abrir meus olhos, João. Prometo que daqui em diante, me esforçarei para que cada decisão que tomar seja não apenas de acordo com a lei, mas também alinhada com os princípios do amor, verdade e justiça divina."

João João, "Lembre-se, Excelência, a justiça divina está sempre ao nosso alcance, desde que gostamos de abraçá-la."

E assim, uma nova jornada começou para o juiz , uma jornada onde a busca pela justiça não era apenas uma questão de interpretar leis, mas também de se conectar com a essência divina que reside em todos nós. Através dessa conexão, ele compreendeu que as palavras, seus significados e origens têm o poder de moldar realidades e destinos. E ele estava determinado a usar esse poder com sabedoria e compaixão.

71

Modo Geral

A humanidade, em sua vasta história, tem sido uma tapeçaria intrincada de acontecimentos, fatos, causas e efeitos. E, em meio a essa complexidade, buscamos compreender nosso lugar no universo, nosso destino e nosso propósito. No entanto, muitas vezes nos perdemos nos meandros de palavras e conceitos que, em vez de esclarecidos, ofuscam a nossa compreensão.

Muitos termos e conceitos, como "pensar", "pensamento", "consciente" e "subconsciente", surgiram com a intenção de descrever e entender a máquina complexa que é a cabeça humana. No entanto, muitas vezes essas palavras se revelaram reveladas, escondendo a verdade mais profunda da nossa existência. Ao focar na divisão e categorização, esquecemo-nos do todo, da unidade que é a essência de nossa existência.

Além disso, a existência dos espíritos, tão intrínseca à compreensão de muitas culturas e tradições, tem sido obscura ou mesmo negada. Este esquecimento, esta negação, tem consequências. Quando ignoramos ou subestimamos a influência e presença dos espíritos em nossas vidas, caminhamos às cegas, desorientados, sem a orientação e sabedoria que eles podem proporcionar.

A humanidade, em modo geral, parece estar em um barco à deriva, sem bússola ou estrela guia. No entanto, não estamos condenados a essa deriva. O reconhecimento da influência e importância dos espíritos, e uma reavaliação das palavras e conceitos que usamos, podem ser os primeiros passos para encontrar um caminho mais claro e propósito mais definido.

O desafio, então, é olhar além das palavras e conceitos que nos foram dados e buscar uma compreensão mais profunda e holística de nós mesmos e do universo que habitamos. Só assim poderemos realmente encontrar nosso caminho e compreender nosso destino.

www.ingramcontent.com/pod-product-compliance
Ingram Content Group UK Ltd.
Pitfield, Milton Keynes, MK11 3LW, UK
UKHW021939190726
13853UKWH00004B/1535

9 786500 814644